JEDER HUND KANN ...

Katrin Voigt

freudig zurückkommen

Rückruf-Training leicht gemacht

bede bei Ulmer

INHALT

4 Zu diesem Ratgeber
6 Warum Ihr Hund nicht kommt
7 Checkliste

Ursache 1: DAS UNKLARE RÜCKRUFSIGNAL

10 Kein eindeutiges Rückrufwort
11 Das „verwaschene“ Rückrufsignal
12 Die Schleppleine nutzen
14 Training: Lösung in Sicht
18 Fehler und wie man sie vermeidet
19 Was tun, wenn nichts hilft?

Ursache 2: VERLOCKUNGEN

20 Fressen und wälzen
21 Aufmerksamkeit erheischen
22 Wichtige erste Maßnahmen
24 Training: Lösung in Sicht
28 Fehler und wie man sie vermeidet
29 Was tun, wenn nichts hilft?

Ursache 3: DER JAGENDE HUND

30 Rückruf bei jagenden Hunden
32 Training zum Vorstehhund
32 Jagen ist erlaubt
34 Training: Lösung in Sicht
34 Notfallsignal
36 Impulskontrolle Vorstehen
38 Fehler und wie man sie vermeidet
39 Was tun, wenn nichts hilft?

Ursache 4: UNERWÜNSCHTE OBJEKTE JAGEN

40 Autos jagen
41 Wann sich Jagdverhalten entwickelt
43 Der 5. Lebensmonat
43 Soforthilfemaßnahmen
44 Training: Lösung in Sicht
44 Alternativverhalten
46 Impulskontrolle
48 Fehler und wie man sie vermeidet
49 Was tun, wenn nichts hilft?

Ursache 5: STARKE ABLENKUNG

50 Eine Sache der Erziehung
53 Unüberlegtes Handeln im Alltag
53 Ein paar Tipps vorab
54 Training: Lösung in Sicht
58 Fehler und wie man sie vermeidet
59 Was tun, wenn nichts hilft?

SPEZIAL: Suchspiele als Alternative zum Jagen

61 Leckerchen- oder Spielzeugsuche
62 Künstliche Geruchsspur

SERVICE

63 Zum Weiterlesen
63 zum Weiterlernen

ZU DIESEM RATGEBER

Wünschen Sie sich das auch: Ihr Hund kommt zu Ihnen, wenn Sie ihn rufen, völlig unabhängig von der Situation? Egal, ob er gerade mit einem Kumpel gespielt hat, etwas Interessantes in der Nase hatte oder durch Leckereien am Boden abgelenkt war. Leider sieht die Realität oft anders aus.

Carlotta startet durch, was hat sie nur entdeckt?

Es gibt zahlreiche Ursachen dafür, dass Hunde nicht gerne zurückkommen. Eine Hauptursache und das größte Problem ist sicherlich das Jagen. Dabei gibt es unterschiedliche Vorlieben: Spuren verfolgen, gesichtetem Wild hinterherlaufen, aber auch Autos, Radfahrer und Jogger sind als Jagdobjekte bei unseren Vierbeinern sehr beliebt.

Die wichtigsten Ursachen für Probleme beim Rückruf sind in diesem kleinen Ratgeber zusammengefasst. Sie finden hierin Ideen und anschauliche Übungen für das Training, damit auch Ihr Hund lernt, in jeder Situation zurückzukommen. Häufig sind die Probleme vielschichtig. Da reichen ein, zwei Übungen nicht aus, um sie zu lösen. Vielmehr ist es dann erforderlich, an mehreren Stellen gleichzeitig anzusetzen.

Einige nützliche Adressen, die Ihnen sicherlich weiterhelfen können, sind im Service genannt. Bei schwerwiegenden Problemen kann dieses Büchlein den Gang in eine Hundeschule wahrscheinlich aber nicht ersetzen.

Gerne können Sie dieses Buch vom Anfang bis zum Ende durchlesen. Für die eher praktisch Veranlagten, die sofort loslegen möchten, bieten wir Ihnen durch die Checkliste auf Seite 7 die Möglichkeit, direkt mit dem Training zu starten. Also einfach ausfüllen, in die Auswertung schauen, dann auf die genannte Seitenzahl blättern. Schon können Sie loslegen!

INFO

Nützliche Tipps und Zusatzinformationen finden Sie in den farbig unterlegten Kästen.

So kann Hundetraining aussehen: Leela freut sich auf ihre Belohnung.

WARUM IHR HUND NICHT KOMMT

Die aus meiner Sicht fünf wichtigsten Ursachen, warum Hunde nicht zurückkommen, habe ich in diesem Buch beschrieben. Die folgende Checkliste soll Ihnen helfen herauszufinden, um welches Problem es sich bei Ihrem Hund handelt und welche Übungen für Sie sinnvoll sind.

Natürlich können die unten aufgeführten Stichpunkte nur die häufigsten Probleme benennen. Vielleicht zeigt Ihr Hund Verhaltensweisen, die Sie hier nicht finden. In diesem Fall sollten Sie nicht zögern, sich direkt an einen Profi zu wenden. Manche Verhaltensweisen könnten dagegen zu zwei oder mehr Themengebieten passen. Hundeverhalten ist nicht immer eindeutig.

Dieser Hund liebt es, Spuren zu verfolgen.

Ein Beispiel aus der Praxis: Ihr Hund jagt sowohl Wild als auch Radfahrer und Jogger. Beide Verhaltensweisen habe ich zunächst einmal verschiedenen Themengebieten zugewiesen. Arbeiten Sie am besten erst einmal das Kapitel durch, zu dem Sie die meisten positiven Antworten haben. Wenn Sie merken, dass die beschriebenen Übungen nicht ausreichen, lesen Sie auch das Kapitel zu dem anderen Themenbereich.

Bedenken Sie in jedem Fall: Hundetraining macht Spaß – auch dann, wenn der Anlass nicht immer erfreulich ist. Das Ergebnis sollte Ihnen auf jeden Fall die Mühe wert sein.

INFO

In schwierigen Fällen kann dieses Buch allerdings nicht den Gang zu einem Fachmann ersetzen. Tipps, an wen Sie sich in solchen Fällen wenden können, gebe ich Ihnen im Service dieses Buches.

Ob er wohl vom Buddeln abrufbar ist?

CHECKLISTE

Beantworten Sie die folgenden Fragen. Für jede Frage, die Sie positiv beantworten, notieren Sie den entsprechenden Buchstaben.

1 *Rufen Sie Ihren Hund mit seinem Namen?*
Ja: a

2 *Frisst Ihr Hund unterwegs alles, was er finden kann?*
Ja: b

3 *Rennt Ihr Hund gerne hinter Joggern her?*
Ja: d

4 *Sobald Ihr Hund seinen Lieblingskumpel trifft, sind Sie abgemeldet?*
Ja: e

5 *Ist Ihr Hund nicht mehr zu halten, sobald er ein Kaninchen oder ein Reh sieht?*
Ja: c

6 *Hat Ihr Hund noch nie wirklich auf sein Rückrufwort reagiert: mal kommt er und mal nicht?*
Ja: a

7 *Ist Ihr Hund nicht abrufbar, sobald er Wildgeruch in der Nase hat?*
Ja: c

8 *Ist Ihr Hund nicht nur an anderen Hunden interessiert, sondern rennt er auch zu jedem Passanten, dem Sie begegnen?*
Ja: e

9 *Frisst Ihr Hund liebend gerne Kot anderer Tiere oder wälzt sich darin und ist nicht davon abzuhalten?*
Ja: b

10 *Ist Ihr Hund bei Radfahrern und Joggern nicht mehr zu halten?*
Ja: d

11 *Sammelt Ihr Hund unterwegs Steine oder andere Dinge?*
Ja: b

12 *Verwenden Sie für den Rückruf eine Hundepfeife und wundern sich, dass Ihr Hund nicht kommt?*
Ja: a

13 *Können Sie Ihren Hund im Wald so gut wie gar nicht ohne Leine laufen lassen?*
Ja: c

14 *Macht Ihr Hund Jagd auf alles, was sich bewegt?*
Ja: d

15 *Ist Ihr Hund immer zuverlässig zurückgekommen, aber seit er einmal jagen war und Sie vergeblich gerufen haben, klappt das Rückrufsignal nicht mehr?*
Ja: a

16 *Ist Ihr Hund auf unbekannten, spannenden Wegen nicht abrufbar?*
Ja: e

17 *Buddelt Ihr Hund gerne in Mauselöchern, ist aber nicht mehr davon abzurufen?*
Ja: b

18 *Ist Ihr Hund ständig auf der Suche nach Wildspuren?*
Ja: c

19 *Ist Ihr Hund nicht mehr davon abzuhalten, zu einem anderen Hund am Horizont zu rennen, sobald er diesen wahrgenommen hat?*
Ja: e

20 *Ist Ihr Hund bei spielenden Kindern sehr aufgeregt und möchte dazwischen gehen?*
Ja: d

Zählen Sie jetzt zusammen, wie oft Sie die einzelnen Buchstaben für jede positive Antwort notiert haben. Der Buchstabe, den Sie am häufigsten notiert haben, gibt Aufschluss darüber, warum Ihr Hund nicht kommt, wenn Sie ihn rufen.

Die meisten Zustimmungen bei a

Ihr Hund hat wahrscheinlich sein Rückrufsignal nie richtig gelernt. Oder es ist bedeutungslos geworden. Tipps und Übungen finden Sie ab Seite 10.

Die meisten Zustimmungen bei b

Sie haben einen Hund, dessen Lieblingsbeschäftigung das Suchen von Fressbarem ist. Möchten Sie mehr über dieses Thema erfahren, lesen Sie weiter ab Seite 20.

Die meisten Zustimmungen bei c

Ihr Hund ist ein leidenschaftlicher Jäger. Welche Übungen Ihnen und Ihrem Hund helfen können, erfahren Sie ab Seite 30.

Die meisten Zustimmungen bei d

Ihr Hund jagt unerwünschte, sich bewegende Objekte. Wie Sie diese Thematik in den Griff bekommen können, lernen Sie ab Seite 40.

Die meisten Zustimmungen bei e

Ihr Hund ist bei starker Ablenkung nicht rückrufbar. Welches Training in diesem Fall helfen kann, erfahren Sie ab Seite 50.

Ursache 1:

DAS UNKLARE RÜCKRUFSIGNAL

Kennen Sie das auch? Sie rufen Ihren Hund und der tut so, als wären Sie Luft? Wieso passiert das? Die beiden häufigsten Ursachen für dieses Verhalten finden Sie in diesem Kapitel.

Katha tut alles, damit ihr Hund kommt. Leider ist das Mauseloch für ihn spannender.

Kein eindeutiges Rückrufwort

Die Antwort ist ganz einfach – wahrscheinlich weiß Ihr Hund gar nicht, was er tun soll, wenn er das Wort „Komm" hört. Vielleicht heißt Ihr Rückrufsignal auch jedes Mal anders: Manchmal rufen Sie „Komm", manchmal „Zurück", dann wieder „Hierher"; vielleicht pfeifen Sie auch ab und an. Sie wären nicht der erste Hundehalter, der sich eine Hundepfeife kauft, in der Hoffnung, dass sein Vierbeiner nun endlich kommt.

Ihrem Hund ist weder die deutsche (und natürlich auch keine andere) Sprache angeboren, noch weiß er, dass er kommen soll, wenn Sie pfeifen! Er muss erst lernen, was Sie von ihm wollen. Und das passiert nicht selten nur unzureichend oder vielleicht auch gar nicht! Dabei ist der Rückruf eigentlich die wichtigste Übung im Hundeleben. Sie kann unserem Hund das Leben retten. Schließlich wäre es hilfreich, ihn jederzeit abrufen zu können – wenn er auf die Straße rennt, dem Kaninchen hinterher jagt oder seinen Erzfeind vermöbeln will. Bei anderen Übungen wie „Sitz" oder „Platz" sind wir

meist sehr großzügig im Training und helfen unserem Hund geduldig in die richtige Position. Der Rückruf soll aber sofort funktionieren, und das in allen Lebenslagen!

Das „verwaschene" Rückrufsignal

Vielleicht hat Ihr Rückrufsignal ja auch mal gut funktioniert. Dann ist Ihr Hund auf einmal in der Pubertät, und schon geht gar nichts mehr? Oder vielleicht ist ihm ja auch ein Kaninchen über den Weg gelaufen, er kam auf die Idee, hinterher zu jagen, und seitdem

Beim Spiel mit dem Lieblingskumpel kann man das Rückrufsignal schon mal überhören.

kommt er nicht mehr zuverlässig? Hier ist etwas anderes geschehen: Sie haben sich vielleicht viel Mühe mit dem Training gegeben, dann passierte ein dummer Zwischenfall. Danach haben Sie noch einige Male versucht, Ihren Hund zu rufen? Vergeblich? Genau damit wurde das Rückrufsignal für Ihren Hund bedeutungslos. Denn wenn man nicht kommt, hat man vielleicht noch viel mehr Spaß! Bei Ihnen – so hat der Hund erfahren – ist es bestimmt weniger spannend!

Die Schleppleine nutzen

In beiden Fällen (Ihr Hund kennt sein Rückrufwort nicht oder das Signal ist bedeutungslos geworden) rate ich Ihnen, ein komplett neues Rückrufsignal aufzubauen. Dies ist durchaus Erfolg versprechender, als das alte Signal noch mal „aufzupeppen".
Bevor wir richtig mit dem Training durchstarten können, müssen Sie noch etwas Vorarbeit leisten. Als erstes müssen Sie sicherstellen, dass Ihr Hund sich in Zukunft nicht mehr selbstständig macht. Hier werden Sie um eine Schleppleine nicht herum kommen. Im Handel gibt es verschiedene Varianten. Wählen Sie eine Leine, die zum einen zu Ihrem Hund passt (einen Rottweiler können Sie schlecht an einer dünnen Schnur festhalten), zum anderen sollte sie Ihnen angenehm in der Hand liegen. Tragen Sie bei der Verwendung der Schleppleine Handschuhe. Seien Sie sich im Klaren darüber, dass das Handling mit einer Schleppleine nicht ungefährlich ist. Auch die Länge der Schleppleine ist für das Training wichtig. Längen zwischen sieben und zehn Metern haben sich als günstig erwiesen.

INFO

Wenn Sie mit einer Schleppleine arbeiten, sollten Sie Ihren Hund an ein passendes Brustgeschirr schnallen, um die Verletzungsgefahr zu minimieren.

Beim Gebrauch der Schleppleine ist einiges zu beachten:
Zu Beginn lassen Sie die Leine noch nicht hinter Ihrem Hund schleifen. Vielmehr halten Sie sie erst einmal in der Hand. Stellen Sie Ihrem Hund nicht direkt die zehn Meter zur Verfügung, sondern verwenden Sie die Schleppleine wie eine Pferdelonge. Wenn sich Ihr Hund entfernt, lassen Sie die Leine Schlaufe für Schlaufe fallen. Und wenn er sich wieder nähert, sammeln Sie sie einfach wieder ein. So haben Sie die größtmögliche Chance, Unfälle zu verhindern.

So, nun können Sie endlich loslegen!

Das richtige Handling mit der Schleppleine will geübt sein!

… Lösung in Sicht

1 Als erstes überlegen Sie sich bitte ein neues Rückrufsignal. Dies kann ein Wort oder eben auch ein Pfiff sein. Der Nachteil einer Pfeife besteht darin, dass sie diese womöglich nicht immer dabei haben. Der Vorteil: Eine Pfeife klingt immer neutral, was für Ihren Hund sehr eindeutig ist. Verwenden Sie ein Wort als Rückrufsignal, können Sie bei der Signalauswahl sehr kreativ sein. Es sollte ein Begriff sein, der im Alltag nicht so häufig vorkommt. Gut bewährt haben sich Wörter aus dem Ausland, zum Beispiel das spanische „Aquí“. Es sollte natürlich auch irgendetwas sein, dass Sie im Zweifelsfall in einer schwierigen Situation nicht vergessen. Lassen Sie ruhig mal die Familienkonferenz tagen!

2 Als nächstes sollten Sie herausfinden, was die ultimative Belohnung für Ihren Hund ist. Ist es ein besonderes Leckerchen? Vielleicht Pansen? Vielleicht Käse? Oder tut Ihr Hund alles für sein Lieblingsspielzeug? Alles klar, dann ist das die ideale Belohnung für Ihren Vierbeiner. Es ist sehr wichtig, dass die Belohnung etwas ganz Besonderes ist. Immerhin ist der Rückruf eine wirklich schwierige Übung. Nachdem wir jetzt das passende Signal und die Superbelohnung herausgefunden haben, kann es ja mit dem Training losgehen.

1 *Im Handel gibt es viele verschiedene Pfeifen. Prüfen Sie, welche für Sie und Ihren Hund am besten passt.*

2 *Die richtige Belohnung muss sein: die verschiedensten Leckerchen.*

3 Die ersten Schritte sind ganz unspektakulär. Sie pfeifen oder sagen Ihr Rückrufsignal. Dann bekommt Ihr Hund seine Lieblingsbelohnung. Das klingt zwar ganz einfach, aber auch hier gibt es wieder einiges zu beachten: Zuerst kommt das Signal – Pfiff oder Wort – dann greifen Sie in die Tasche und holen das Bröckchen oder das Spielzeug heraus und geben es Ihrem Hund. Er muss erst einmal nichts dafür tun, außer nach dem Signal zu fressen oder zu spielen. Bitte vermeiden Sie, vor dem Rückrufsignal bereits in der Futtertasche herumzufingern. Dann ist nämlich der Griff in die Tasche für den Hund später das auslösende Signal zu kommen und nicht der Pfiff.

4 Nun hat Ihr Hund schon mal verstanden, dass das neue Signal etwas Tolles bedeutet. Jetzt sind Sie bereit für den nächsten Schritt. Ihr Hund ist wieder unmittelbar bei Ihnen und schaut Sie im besten Falle aufmerksam an. Geben Sie Ihr neues Rückrufsignal und gehen Sie dann ein paar Schritte rückwärts. Folgt Ihnen Ihr Hund, bekommt er seine Belohnung. Zu Beginn können Sie ihn auch gerne erst einmal mit sich rückwärts locken. Ist er bei Ihnen angekommen, muss er sich nicht hinsetzen. Freuen Sie sich einfach, dass er gekommen ist!
Diese Übung machen Sie in den verschiedenen Umgebungen. Immer sollte Ihr Hund auf seine Belohnung versessen sein.

3

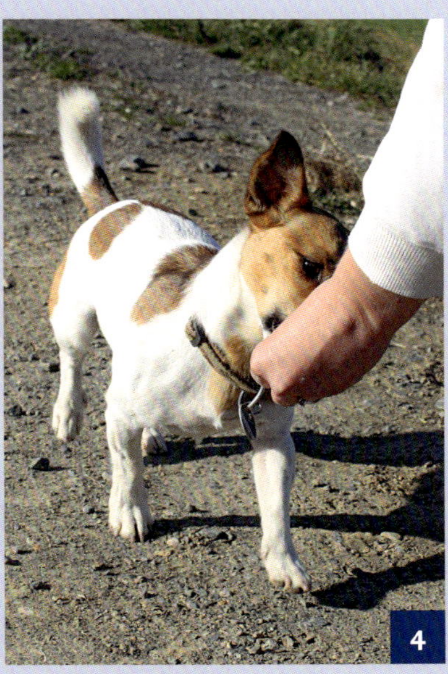
4

1 Das neue Signal einüben: Jasna pfeift erst und gibt ihrem Hund danach das Leckerchen.

2 Im nächsten Schritt locken Sie Ihren Hund nach dem Pfiff ein paar Schritte, indem Sie rückwärts gehen.

5 Nun ist es an der Zeit, mehr Distanz aufzubauen. Eine Hilfsperson hält Ihren Hund fest. Sie entfernen sich. Zu Beginn können Sie ruhig wegrennen, dann ist für Ihren Hund der Impuls zu kommen besonders groß. Haben Sie sich etwa zehn bis zwanzig Meter entfernt, rufen Sie Ihren Hund mit seinem Rückrufsignal.

6 Kommt er, freuen Sie sich übermäßig. Je mehr Sie übertreiben und jubeln, desto besser findet das Ihr Hund und umso freudiger kommt er zu Ihnen! Zugegeben, manchmal klingt es wie Indianergeheul. Und ich wurde in der Hundeschule auch schon für verrückt erklärt, aber die Hunde mögen das sehr.

5 *Leela wird festgehalten, damit sich Frauchen erst entfernen kann, um zu rufen.*

6 *Jasna beginnt zu jubeln, sobald sich Leela in ihre Richtung bewegt.*

7 Jetzt kommt die Schleppleine ins Spiel. Im Training ist es wichtig, dass Sie die Schleppleine nur als Absicherung verwenden, damit Ihr Hund sich nicht entfernen kann. Auf keinen Fall "angeln" Sie Ihren Hund nach dem Rückrufsignal an der Schleppleine zu sich. Auch jetzt sollten Sie Ihren Hund gut einschätzen können. Ist er gerade nur mäßig abgelenkt, und Sie können sicher sein, dass er kommt, wenn Sie ihn rufen, geht es los. Kommt er, ist wieder lauter Jubel von Ihrer Seite angesagt. Viele Hunde finden es toll, wenn ihr Mensch noch ein paar Schritte wegläuft und sie ihm hinterher jagen können. Wichtig ist, dass Ihr Hund sich freut, endlich kommen zu dürfen.

8 Nach und nach können Sie nun die Ablenkungen steigern und beginnen, an den unterschiedlichsten Orten zu trainieren. Denken Sie aber immer daran: Ihr Hund gibt das Trainingstempo vor. Reagiert er mal nicht auf Ihr Rückrufsignal, ist er sicherlich nicht stur. Vielmehr haben Sie wahrscheinlich die Situation zu schwierig gewählt. Also gehen Sie wieder einen Trainingsschritt zurück und machen die Übung wieder einfacher. Am besten ist es, wenn Ihnen im Training möglichst keine Fehler passieren und Ihr Hund immer kommt, wenn Sie ihn rufen.

7 Bei der Schleppleine ist die richtige Handhabung wichtig für den Erfolg.

8 Bauen Sie Ablenkungen ein und üben Sie in unterschiedlichen Umgebungen.

FEHLER ...

... und wie man sie vermeidet

1 *Der Trainingsschritt war zu groß: Leela muss an der Schleppleine „geangelt" werden.*

1 Wenn Ihr Hund nicht auf sein Rückrufsignal reagiert und Sie ihn „herbeiangeln" müssen, waren Sie in Ihrem Training zu schnell. Schrauben Sie in den nächsten Trainingsschritten die Anforderungen wieder deutlich herunter. Ansonsten laufen Sie Gefahr, dass auch das neue Signal nicht sicher funktionieren wird!

2 *Leela kommt zwar, lässt sich aber nicht anleinen, weil es spannender ist, frei zu sein.*

2 Ein echter Klassiker: Ihr Hund kommt zwar, aber sobald er die kurze Leine sieht, mit der es nach Hause geht, haut er wieder ab! Machen Sie Ihre Leine spannend. Spielen Sie kurz mit Ihrem Hund, wenn er an die kurze Leine geschnallt wird. Danach lassen Sie ihn wieder laufen!

Was tun, wenn nichts hilft?

- ***Ihr Hund lässt sich weder durch Leckerchen noch durch ein Spiel motivieren.***
  Hier haben Sie mehrere Möglichkeiten: Arbeiten Sie mit Futter als Belohnung: Packen Sie zu Hause den Napf in den Schrank; Futter gibt es nur noch aus der Hand und auf dem Spaziergang.
  Sollte das Spielzeug langweilig werden, spielen Sie demonstrativ einige Tage vor Ihrem Hund selbst mit dem Spielzeug, ohne dass Ihr Hund es haben darf. Was denken Sie, wie spannend das Spielzeug für ihn wird!
  Sie können sich auch ganz kreative Belohnungen aussuchen: ein kleines Rennspiel mit Ihnen, planschen in der Pfütze usw. Denken Sie einfach mal nach, was Ihr Hund ganz besonders gern mag!

- ***Aus manchen Situationen ist er weiterhin nicht abrufbar, zum Beispiel wenn er mit der Nase in einem Mauseloch steckt.***
  Drehen Sie die Situation mal um und geben Sie Ihrem Hund das Mauseloch als Belohnung frei, wenn er gekommen ist. Er muss lernen, dass es unter bestimmten Bedingungen erlaubt ist, Mauselöcher zu buddeln.

- ***Ihr Hund kommt zwar zuverlässig, holt sich aber nur kurz sein Bröckchen ab und ist schon wieder weg, bevor Sie ihn anleinen können.***
  Ihr Hund muss lernen, dass es sich lohnt, länger bei Ihnen zu verharren. Eine Möglichkeit: Bescheren Sie ihm einen kleinen Leckerchenregen, sodass er eine Weile in Ihrer unmittelbaren Nähe mit Suchen beschäftigt ist. Oder: Spielen Sie mit ihm ein tolles Spiel. Seien Sie kreativ. Denken Sie immer daran: Ihr Hund muss sich freuen, zu Ihnen kommen zu dürfen!

Geben Sie Ihrem Hund das Mauseloch als Belohnung frei!

Ursache 2:

VERLOCKUNGEN

Bei manchen Hunden könnte man meinen, sie bekämen zu Hause nichts zu futtern: Alles, was auch nur irgendwie essbar aussieht, wird vertilgt. Und natürlich reagieren sie bei solchen Verlockungen nicht auf das Rückrufsignal.

Fressen und Wälzen

Die Vorlieben unserer Haushunde sind in punkto Essen sehr unterschiedlich: Die einen stehen auf Kot aller Art. Oft sind die Hinterlassenschaften von Menschen oder Katzen beliebt. Aber auch Kot anderer Hunde wird aufgenommen.

Mein Hund zum Beispiel begeistert sich im Winter für gefrorene Hundehaufen – eine besondere Variante von Eis am Stiel ... Es gibt auch Hunde, die Fallobst besonders gerne mögen, die auf dem Spaziergang alle möglichen Stöckchen zerlegen oder bei einem benutzten Tempotaschentuch nicht „Nein“ sagen.

Außer, dass wir es eklig finden, ist dieses Verhalten eigentlich kein Problem. Achten Sie aber bitte darauf, dass Sie Ihren Hund regelmäßig entwurmen!

Dann gibt es auch Hunde, die vielleicht gar nicht unbedingt Unrat fressen, sich aber liebend gerne in Urin, Kot oder verendeten Tieren wälzen. Auch dieses Verhalten ist zwar für uns furchtbar, für unseren Hund jedoch ist es ein ganz normales Verhalten. Wir könnten es beim Menschen mit dem Einparfümieren vergleichen. Auch wenn der Vergleich für uns ein wenig hinkt.

INFO

Früher hat man immer gesagt, dass Hunde, die Kot fressen, unter Mangelerscheinungen leiden. Heute weiß man aber, dass das nur selten der Fall ist. Manche Hunde finden Kot schlicht und ergreifend einfach lecker.

Aufmerksamkeit erheischen

Eine Ursache dafür, warum Hunde alles Mögliche aufnehmen, liegt darin, dass sie dafür Aufmerksamkeit bekommen.

Nehmen wir einmal an, Ihr Hund nimmt alles Mögliche vom Boden auf. Das sollte er nicht, denn es gibt ja durchaus Dinge, die für den Hund gefährlich sein können. Ein gutes Beispiel ist das Aufnehmen von Steinen. Keiner von uns möchte, dass sein Hund einen Stein verschluckt, da dieser im Darm stecken bleiben und einen Darmverschluss verursachen kann. Was machen wir? Wir bieten unserem Vierbeiner ein Tauschgeschäft mit einem Leckerchen an, sodass der Hund den Stein loslässt. Was lernt der Hund? Wenn ich Steine sammele, bekomme ich ein Leckerchen dafür angeboten und außerdem Aufmerksamkeit von meinem Menschen. Das Ende vom Lied: Ihr Hund sammelt immer mehr Steine, weil Sie dann immer so schön ein Tauschgeschäft anbieten. Verstehen Sie das bitte nicht falsch: Ein Tauschgeschäft ist im Notfall schon richtig. Tauschen Sie aber zu oft, baut Ihr Hund eine Verhaltenskette: Er bringt Ihnen Dinge, damit Sie tauschen! Was er aber eigentlich lernen sollte ist, dass er erst gar nichts vom Boden aufnimmt.

Die andere Variante bestünde darin, dass Sie Ihrem Hund die Dinge abnähmen, indem Sie seinen Fang öffnen. Natürlich wäre Ihr Hund damit nicht einverstanden. Was würde er also tun, damit Sie ihm den Gegenstand nicht abnehmen können? Er würde ihn ganz einfach hinunterschlucken. Und dann haben wir genau, was wir nicht wollten: die große Verletzungsgefahr.

Pferdehaufen sind für manche Hunde eine besondere Delikatesse.

Wichtige erste Maßnahmen

Kein Hund will wirklich Steine oder Stöckchen oder Taschentücher fressen, es sei denn, wir haben es ihm beigebracht! In Zukunft sollten Sie Ihren Hund ignorieren, wenn er wieder irgendetwas im Maul hat, auch wenn es Ihnen noch so schwer fällt. Sie werden merken, er wird den Gegenstand bestimmt noch eine Weile im Maul halten. Reagieren Sie aber nicht, wird er ihn recht schnell loslassen. Das Spiel, das Sie sonst immer so schön mitgespielt haben, funktioniert auf einmal nicht mehr. Hat Ihr Hund sich auf gefährliche Gegenstände spezialisiert (wir hatten einmal einen Hund im Training, der Glasscherben apportiert hat), können Sie dies natürlich nicht ignorieren. Für diese Fälle ziehen Sie Ihrem Hund am besten während des Spaziergangs einen Maulkorb auf oder sichern ihn über eine Schleppleine ab. So kann er nichts aufheben, und er kann ein neues Verhalten lernen.

Ihr Job ist es in Zukunft, Ihren Hund „lesen" zu lernen. Sie müssen also erahnen können, wenn er wieder Blödsinn im Kopf hat. So haben Sie in Zukunft die Möglichkeit, Ihrem Hund über ein gut trainiertes Abbruchsignal klarzumachen, dass er lassen soll, was er gerade tun möchte und dass er besser zurückkommen soll. Klingt doch gut, oder? Jetzt müssen Sie das nur noch Ihrem Hund beibringen. Und los geht's.

Balou wälzt sich genüsslich im Dreck.

... Lösung in Sicht

1 Im ersten Trainingsschritt nehmen Sie in beide Hände ein paar Leckerchen. Dann zeigen Sie Ihrem Hund die Leckerchen in der einen Hand. Sobald er sich dafür interessiert, schließen Sie die Hand, sodass er sich kein Bröckchen klauen kann. Sagen Sie das Wort, das in Zukunft das Abbruchsignal werden soll. In unserem Beispiel nehmen wir das Signal „Stopp".

2 Natürlich weiß Ihr Hund erst einmal nicht, was er davon halten soll. Geschweige denn, was er nun tun soll. Deshalb sollten Sie ihm helfen, indem nun die zweite, mit Leckerchen gefüllte Hand ins Spiel kommt. Diese holt die Hundenase von der „verbotenen" Hand ab und lockt sie weg auf Ihre andere Körperseite. Hier darf Ihr Hund nun seine Belohnung haben.

1 Ist Ihr Hund an der mit Leckerchen gefüllten Hand „angedockt", kommt Ihr Abbruchsignal.

2 Locken Sie Ihren Hund auf Ihre andere Seite und geben Sie ihm eine Belohnung.

3 Für den nächsten Schritt brauchen Sie eine Hilfsperson. Diese lockt Ihren Hund weg. Sobald sich Ihr Hund für die „leckere“ Person interessiert, kommt wieder Ihr „Stopp.“ Wahrscheinlich wird Ihr Hund erst einmal nicht genau wissen, was er tun soll, weil die neue Trainingssituation so ganz anders ist. Auch hier helfen Sie ihm zunächst einmal. Sie holen ihn mit einem Bröckchen in der Hand ab und locken ihn ein paar Schritte zurück, von der Verlockung weg. Hat er das geschafft, gibt es natürlich wieder eine Belohnung.

4 Nach und nach werden Sie merken, dass Ihr Hund beginnt, sich nach dem Abbruchsignal hinzusetzen oder sich von der verlockenden Hand abzuwenden! Prima! Nun sind wir wieder einen Schritt weiter. Probieren Sie einmal, in dem Moment Ihr Lobwort zu sagen, in dem Ihr Hund sich von der Verlockung abwendet. Im besten Fall kommt er zu Ihnen, um sich sein Bröckchen abzuholen. Schafft er das, sind Sie bereit für den nächsten Schritt. Klappt das noch nicht, helfen Sie ihm und locken Sie ihn noch mehrmals zurück!

3

4

3 *Im zweiten Schritt üben Sie das Abbruchsignal zusammen mit einer Hilfsperson.*

4 *Steigern Sie nach und nach die Entfernung und bauen Sie das Zurücklocken ab.*

5 Im nächsten Schritt werden wir beginnen, das erlernte Verhalten zu generalisieren. Eine Möglichkeit wäre, dass die Leckerchen nicht mehr in der Hand einer zweiten Person sind, sondern offen auf dem Boden liegen. Damit sich der Hund nicht selbst belohnen kann, indem er die „verbotenen" Häppchen frisst, müssen Sie Ihren Hund durch eine Leine absichern. Diese muss so kurz sein, dass er zwar bis kurz vor die Leckereien kommt, sie aber nicht stibitzen kann!

5 Nun kommen die verschiedensten Varianten ins Spiel. Sichern Sie Ihren Hund durch eine Leine ab.

6 Sobald Ihr Hund sich für das Futter interessiert, kommt wieder Ihr Signal: „Stopp!" Halten Sie die Leine gut fest, damit Ihr Vierbeiner wirklich nicht klauen kann. Er wird erst einmal frustriert sein. In seiner Verzweiflung kommt in der Regel nach ein paar Sekunden der Blick in Ihre Richtung. Nun sind Sie an der Reihe: Sagen Sie schnell Ihr Lobwort und locken ihn zurück. Natürlich ist das erst einmal eine Riesenbelohnung wert.
Beginnen Sie nun, die Verlockungen zu variieren. Mal ist es normales Trockenfutter, dann ein Schweineohr, ein Stück Pansen oder auch mal ein wegkullerndes Spielzeug. Im besten Fall wendet sich Ihr Hund von allen Verlockungen ab.

6 Hat Ihr Hund die Witterung aufgenommen, sagen Sie „Stopp" und warten, bis er sich von der Verlockung abwendet.

7 Haben Sie fleißig trainiert, bricht Ihr Hund bereits ab, bevor das Ende der Leine erreicht ist. Probieren Sie es aus, indem Sie die Leine schleifen lassen. Stellen Sie aber sicherheitshalber eine Hilfsperson ab, die im Zweifelsfall die Leckerchen blockiert, sollte es nicht klappen.

7 Nach einigen Übungen sollte Ihr Hund bereits abbrechen, bevor die Leine gespannt ist.

8 Nun ist es an der Zeit, das Abbruchsignal auch einmal ohne Leine zu üben. Stellen Sie hierfür erst einmal eine Hilfsperson ab, die im Zweifelsfall die Verlockung blockiert. Natürlich verknüpft Ihr Hund auch diese Hilfsperson. Er weiß also, dass er nicht an die Verlockung herankommt. Nun kommt der letzte Test, bevor Sie das Wort in den Alltag packen können. Lassen Sie ein Leckerchen in einen Gulli oder einen Mülleimer kullern. Auf jeden Fall sollte Ihr Hund nicht sofort herankommen, obwohl es keine Hilfsperson mehr gibt. Bricht er sofort ab, können Sie in den Alltag starten.

8 Der Stopp am Pferdehaufen klappt ohne Leine – dann kann es in den Alltag gehen.

FEHLER …

… und wie man sie vermeidet

1 Stellen Sie sicher, dass Ihr Hund wirklich nicht an die Verlockung kommt. Lieber nehmen Sie mehr Abstand, sodass zwischen Ihnen und dem Futter noch mindestens zwei Meter Platz sind. Ansonsten wird das Abbruchsignal bedeutungslos für den Hund.

2 Passen Sie auf, dass Ihr Hund nach erfolgreicher Übung nicht direkt wieder zur Verlockung läuft. Bauen Sie genügend Abstand auf. Beschäftigen Sie Ihren Hund. Er darf gar nicht mehr an die Leckereien auf dem Boden denken.

1 Hier schafft es Kimo, trotz Leine an seine Verlockung zu gelangen.

2 Nach erfolgreicher Übung wird nicht genügend Abstand aufgebaut. Kimo rennt gerade wieder zur Verlockung.

Was tun, wenn nichts hilft?

- ***Ihr Hund macht das Spiel bereits nach wenigen Wiederholungen nicht mehr mit, legt sich hin, geht weg oder will seine Belohnung nicht fressen.***
  Ihr Hund hat wahrscheinlich eine schlecht ausgeprägte Frustrationstoleranz. Bitte trainieren Sie hier nicht alleine weiter, sondern suchen Sie sich Hilfe bei einem Fachmann.

- ***Ihr Hund schafft es immer wieder, Sie auszutricksen, indem er Ihnen die Leine aus der Hand zieht und die Verlockung klaut.***
  Arbeiten Sie zunächst mehr mit Hilfspersonen und mit Verlockungen, an die Ihr Hund nicht gelangt: Der Leckerbissen liegt beispielsweise unter einem schweren Blumentopf oder in einer verschlossenen Zimmerbox.

- ***Sobald die Verlockung zu spannend ist, haben Sie keine Chance mehr, Ihren Hund zum Zurückkommen zu motivieren.***
  Seien Sie kreativ mit Ihrer Belohnung. Probieren Sie mal das Lieblingsfutter oder vielleicht auch mal ein Spielzeug als Belohnung. Sie können auch hin und wieder die Verlockung als Belohnung freigeben, wenn Ihr Hund besonders schnell reagiert hat.

- ***Ihr Hund frisst nicht nur unterwegs Kot, er frisst auch seinen eigenen, direkt nachdem er sein Geschäft erledigt hat.***
  Wenden Sie sich bitte an einen verhaltenstherapeutisch arbeitenden Tierarzt. Bei diesem Verhalten kann es durchaus eine krankhafte Ursache geben!

Ursache 3:

DER JAGENDE HUND

Viele Hunde sind nicht rückrufbar, wenn sie jagen. Egal, ob sie gerade eine Spur verfolgen oder einem Kaninchen hinterher rennen. Man könnte meinen, sie seien ganz in ihrer Welt versunken und einfach nicht mehr ansprechbar.

Rückruf bei jagenden Hunden

Jagen ist ein angeborener Reflex. Sobald Ihr Hund Witterung aufgenommen hat, läuft ein automatisches Programm ab:
Eine Jagdsequenz beginnt in der Regel mit dem Vorstehen. Je nach Rasse ist das Vorstehen mehr oder weniger ausgeprägt. Dann schleicht der Hund sich an, bis er durchstartet und hetzt. Bei manchen Rassen, wie den Terriern, sind auch das Packen und vor allem das Töten deutlich ausgeprägt. Bei anderen Rassen, wie zum Beispiel den Hütehunden, ist die Jagdsequenz früher unterbrochen. In der Regel endet sie mit dem Hinterherhetzen und Packen. Die Verhaltenskette des Jagens ist dem Hund angeboren und läuft automatisch ab, wie ein Reflex. Der Hund hat keinen Einfluss auf sein Verhalten. Außerdem ist Jagen selbstbelohnend und führt zu einer Endorphinausschüttung im Gehirn. Er ist sozusagen „wie auf Droge", wenn er ein Wild verfolgt. Er braucht nicht einmal einen Jagderfolg. Hinterherhetzen alleine reicht vollkommen aus.
Bei dem normalen Rückrufsignal, das wir unserem Hund beigebracht haben,

Dieser Hund ist in die Welt des Schnüffelns versunken. Es wird schwierig sein, ihn abzurufen.

hat er im besten Fall gelernt, zurückzukommen, wenn er dieses bestimmte Signal hört. Dieses Signal reicht aber nicht aus, um einen angeborenen Reflex wie das Jagen abzubrechen. Es ist in der Regel für solche Situationen schlicht und ergreifend zu schwach.
Für diese Notfälle ist es wichtig, einen neuen Reflex aufzubauen, denn Reflexe können auch erlernt werden. Nur bei dieser Lernschiene haben Sie die Chance, dass Ihr Hund auf das Notfallsignal zurückkommt. Wie Sie dieses Signal aufbauen, lernen Sie in den praktischen Übungen.
Ein gutes Beispiel für einen erlernten Reflex demonstrierte Pawlow. Er hat Versuchshunden die Speicheldrüsenausgänge nach außen verlegt, da er die Speichelmenge untersuchen wollte. Was er aber herausgefunden hat, ist etwas ganz anderes: Jedes Mal, bevor es etwas zu fressen gab, ertönte eine Glocke. Die Glocke kündigte also zuverlässig das Futter an. Nach vielen Wiederholungen entdeckte Pawlow, dass die Hunde bereits begannen zu speicheln, bevor das Futter erschien. Und schon haben wir einen erlernten Reflex: Auf die Speichelsekretion haben wir keinen direkten Einfluss, sie erfolgt automatisch! Und genau das wollen wir bei unserem Hund erreichen. Meist haben wir indirekt schon solch einen Reflex trainiert: Welcher Hund kommt nicht gelaufen, wenn wir den Kühlschrank öffnen oder die Futterschüssel hochheben. Nur kann man den Kühlschrank natürlich schlecht auf den Spaziergang mitnehmen.

Dieser Hund belohnt sich selbst, indem er vor dem Kaninchenstall „fernsieht".

Training zum Vorstehhund

Die Verhaltenskette des Jagens können Sie aber auch für sich nutzen, denn Ihr Hund jagt sowieso. Nach dem Motto „Jeder Hund kann Vorstehen lernen“ versuchen wir, bei unseren Hunden im Anti-Jagd-Training das Vorstehen zu belohnen. Das mag für Sie zwar etwas paradox klingen, denn in diesem Fall belohne ich ja das Jagen. Aber: Das Vorstehen ist immerhin viel besser als der Rest, der danach kommt! Und wenn ich das Vorstehen belohne, wird mein Hund es in Zukunft immer häufiger und länger zeigen. Damit habe ich immer länger Zeit, meinen Hund aus der Situation herauszurufen, denn er startet ja nicht mehr sofort durch.

Jagen ist erlaubt

Bevor wir nun mit den praktischen Übungen beginnen, sei noch eines gesagt: Ihr Hund ist ein Jagdtier und muss jagen dürfen! Würden Sie ihm das Jagen komplett verbieten, wäre das durchaus tierschutzrelevant! Das heißt natürlich nicht, dass Sie Ihren Hund streunen lassen sollen. Es gibt genügend Beschäftigungsmöglichkeiten, wie Sie Ihren Hund kontrolliert „jagen“ lassen können. Hierzu gehören beispielsweise alle Arten von Schnüffel- bzw. Nasenarbeitsspielen. Sie können Ihrem Hund beibringen, persönliche Gegenstände zu suchen oder ihm eine Spur aus Würstchenwasser legen. Der Fantasie sind hier keine Grenzen gesetzt. Einige Buchtipps zu diesem Thema finden Sie im Service. So, nun genug der Vorrede und ran an die Arbeit!

... Lösung in Sicht: Notfallsignal

Als erstes finden Sie bitte heraus, was Ihren Hund am meisten begeistert. Gerade in Situationen, in denen er sich in einer hohen Erregungslage wie dem Jagen befindet, müssen Sie wissen, ob Ihr Hund eher auf Spielzeug oder auf Futter anspricht. In den folgenden Übungen habe ich Ihnen sowohl den Aufbau mit Futter als auch mit Spielzeug beschrieben:

Aufbau mit Futter

1 Bevor Sie Ihrem Hund seine normale Portion Futter hinstellen, kommt in Zukunft nun jedes Mal das Notfallsignal. Dieses Signal soll das Futter zuverlässig ankündigen. Aber welches Signal nehmen Sie? Gute Frage! Es sollte nicht identisch mit dem normalen Rückrufsignal sein. In der Praxis haben sich die Doppelhornpfeifen bewährt. Sie enthalten einen normalen Pfeifton und einen Triller. Ist also der normale Ton Ihr Rückrufsignal, können Sie durchaus den Triller als Notfallsignal verwenden. In Zukunft trillern Sie also einfach, bevor Ihr Hund sein Fressen bekommt.

Damit Sie schneller auf viele Wiederholungen kommen, denn die braucht es leider, empfehle ich Ihnen zusätzlich noch folgende Variante: Nehmen Sie das Super-Leckerchen Ihres Hundes. Hierbei kann es sich um Fleischwurst, Leberwurst, Hühnerherzen, Pansen, Käse oder Ähnliches handeln.

Nun machen Sie Folgendes: Sie haben die Super-Leckerchen in greifbarer Nähe. Auch Ihr Hund ist unmittelbar bei Ihnen und möglichst hungrig. Nun kommt Ihr Notfallsignal. Dann greifen Sie in die Tasche und geben Ihrem Hund seinen Leckerbissen. Sobald er aufgefressen hat, geht es wieder los: Pfiff – Leckerchen. Und ganz wichtig: Ihr Hund muss nichts tun, nur fressen!

1 *Eine Auswahl an Super-Leckerchen, denen kaum ein Hund widerstehen kann.*

2 *Jedes Mal, bevor Ihr Hund sein Fressen bekommt, ertönt das Notfallsignal.*

Aufbau mit Spielzeug

Für die Vierbeiner, die eher auf Spielzeug als auf Futter stehen, haben wir hier eine passende Variante:

1 Dabei verwenden Sie das Superspielzeug Ihres Hundes. Dies soll er nicht zur freien Verfügung haben, sondern nur in Interaktion mit Ihnen bekommen. Ihr Hund soll lernen, dass das Notfallsignal zuverlässig das Spiel ankündigt. Zuerst kommt also der Pfiff, dann fliegt der Ball.

2 Oder es gibt ein kleines Zerrspiel. Auch hier gilt wieder: Je mehr Wiederholungen, umso besser: Sie können durchaus bei Apportierspielen jedes Mal pfeifen, bevor Sie den Ball werfen.
Bevorzugt Ihr Hund Zerrspiele, machen Sie nach ein paar Sekunden eine kurze Pause (das trainiert zusätzlich die Impulskontrolle – Sie haben also „zwei Fliegen mit einer Klappe geschlagen"), dann kommt wieder das Notfallsignal, anschließend geht das Spiel weiter.

1 *Direkt nach dem Notfallsignal fliegt der Ball.*

2 *Auch Zerrspiele sind durchaus geeignet, das Notfallsignal einzuüben.*

Impulskontrolle Vorstehen

Wie bereits zuvor beschrieben, ist das Vorstehen ein Teil der normalen Jagdsequenz. Es ist aber je nach Hunderasse mehr oder weniger stark ausgebildet. Zu den Vorsteh-Spezialisten zählen natürlich unsere Vorstehhunde. Sie zeigen das typische Vorstehen bei der Witterung von Wild am ausgeprägtesten.

1 Nicht jeder Hund wird diese typische Körperhaltung lernen. Durchaus erreichen kann man aber ein Verharren, bevor es losgeht und die große Hetze beginnt. Wahrscheinlich wird Ihr Hund nur kurz stehen bleiben und in Richtung des Objektes der Begierde blicken. Das ist Ihr Zeitpunkt: Sagen Sie Ihr Lobwort und liefern Ihr Leckerchen nach. Das heißt natürlich, dass Sie Ihren Hund in Zukunft auf dem Spaziergang gut beobachten müssen. Jetzt werden Sie erst einmal merken, wie häufig Ihr Hund irgendetwas in der Nase hat.
Wahrscheinlich wird es für Sie zu Beginn zu schwer sein, den Hund im Ernstfall abzufangen. Daher wird es am besten sein, wenn Sie einige Situationen zuerst einmal stellen. Das geht besonders gut mit sich bewegendem Spielzeug: mit vorbeikullernden Bällen, Stehaufmännchen oder Batterie betriebenem Spielzeug. Wählen Sie einen Abstand, in dem Ihr Hund noch denken kann und sich durch Futter oder Spielzeug belohnen lässt. Sobald Ihr Hund das Spielzeug erblickt und halbwegs ruhig bleibt, belohnen Sie ihn mit Lobwort und Futter.

Wenn es sich für Ihren Hund in Zukunft lohnt, still zu stehen, wird er dieses Verhalten zukünftig häufiger zeigen.

1 *Stillstehen bei sich bewegendem Spielzeug wird belohnt.*

TIPP

Schafft Ihr Hund es nicht, sich von dem sich bewegenden Objekt abzuwenden, dann stellen Sie erst einmal Futter hin oder nehmen Sie ein Spielzeug, das Sie einfach nur auslegen.

2 Auch eine schöne Übung, die viele Hunde zumindest in Trainingssituationen nach einigen Wiederholungen anbieten, ist das Wegschauen vom Objekt. Das ist natürlich großartig! Bitte belohnen Sie Ihren Vierbeiner sofort mit Lobwort und Futter.

3 Bevor es dann in den Alltag geht, gibt es sicherlich in Ihrer Nähe irgendwelche Wildgehege, in denen Sie Ihr Handling erst einmal beim Anblick vom Wild üben können. Schafft es Ihr Hund zu verharren, wendet er sich nach Ihrem Lobwort ab, um sich sein Leckerchen zu holen – prima! Dann kann es in den Alltag gehen.

2 *Auch das Abwenden des Blicks vom Spielzeug wird belohnt.*

3 *Der Ernstfall: Training am Wild.*

FEHLER …

… und wie man sie vermeidet

1 Passen Sie auf, dass Ihr Hund das Interesse an seinem Spielzeug nicht verliert. Ist die Trainingssequenz zu lang, hat er eventuell keinen Spaß mehr am Spiel. Dann können Sie natürlich auch das Notfallsignal nicht mehr üben.

1 Durch zu viele Wiederholungen verliert der Hund das Interesse am Spiel.

2 Denken Sie daran, dass Sie für das Training erst einmal den Abstand groß genug wählen. Frisst Ihr Hund nicht, waren Sie im Training zu schnell. Sie können natürlich attraktivere Belohnungen ausprobieren.

2 Dieser Hund ist während des Vorstehens bereits so aufgeregt, dass er seine Belohnung nicht essen kann.

Was tun, wenn nichts hilft?

- **Ist es erforderlich, das Notfallsignal in vielen verschiedenen Umgebungen zu üben?**
  Gute Nachricht: nein! Das Erlernen eines Reflexes passiert unabhängig vom Ort. Sie können also bequem auf dem Sofa üben. Trotzdem empfehle ich Ihnen, auch auf dem Spaziergang zu trainieren. Sonst passiert Folgendes: Da Sie sonst zu Hause üben, liegt die Pfeife zu Hause. Was machen Sie, wenn aber nun ein Notfall eintritt und Sie Ihr Signal bräuchten?

- **Ihr Hund ist einem Wild hinterhergehetzt, Sie haben gepfiffen, er ist aber nicht gekommen.**
  Wahrscheinlich haben Sie Ihr Notfallsignal noch nicht genug „aufgeladen". Es braucht meist schon viele Wiederholungen, bis sich ein Reflex gebildet hat. Und: Nach jedem Notfalleinsatz müssen Sie das Signal wieder aufladen!

Zur Impulskontrolle:

- **Ihr Hund ist auf dem Spaziergang in einer so hohen Erregungslage, dass er gar kein Futter nehmen möchte und sich auch nicht für Spielzeug interessiert.**
  Geben Sie Ihrem Hund die gesamte Futterration auf dem Spaziergang und nichts zu Hause. Auch wenn das bedeutet, dass Ihr Hund die ersten zwei bis drei Tage nichts fressen wird. Sollten Sie hier auch keinen Erfolg haben, suchen Sie bitte einen Experten auf!

- **Mein Hund verharrt nicht, sondern sprintet sofort los.**
  Trainieren Sie erst einmal öfter gestellte Situationen. So können Sie das Ausdrucksverhalten Ihres Hundes besser beobachten lernen. Nicht alle Hunde zeigen das typische Vorstehen mit erhobener Vorderpfote.

Ursache 4:

UNERWÜNSCHTE OBJEKTE JAGEN

Immer wieder sieht man Hunde mit einem eher ungewöhnlichen Beutespektrum. Zu den absoluten Top 3 gehören sicherlich Radfahrer, Jogger und Autos. Ein eher gefährliches Hobby unserer Haushunde, besonders wenn sie gerade nicht an der Leine geführt werden und Gefahr laufen, auf die Straße zu geraten!

Auch so kann Jagen aussehen: Apportieren eines Dummys aus dem Wasser.

Wie bereits im Kapitel zuvor erwähnt ist Jagen selbstbelohnend. Dafür braucht der Hund keine Beute zu machen – und macht diese hoffentlich auch nicht, gerade, wenn es sich um menschliche „Beute“ handelt. Allein das kurze Hinterhersprinten reicht aus, um im Gehirn Glückshormone auszuschütten.

Autos jagen

Unseren Hunden, insbesondere den jagdlich genutzten Rassen, ist das Jagen angeboren. Sie sind hoch entwickelte Spezialisten. Leider werden bei unseren Haushunden diese Talente zu wenig genutzt. Also sucht sich Ihr Hund sein Hobby selbst. Gerade für Sichtjäger (das sind Hunde, die auf sich bewegende Objekte reagieren und diese jagen) ist es erst einmal egal, ob die potenzielle Beute ein Kaninchen oder ein Auto ist, Hauptsache es bewegt sich.

Wann sich Jagdverhalten entwickelt

Jagdverhalten entwickelt sich in der Regel mit vier bis fünf Monaten. Vorher spielt es für den Welpen eine eher untergeordnete Rolle. Genau das macht die ersten 16 Lebenswochen eines Welpen so wichtig. In dieser Zeit haben Sie die Möglichkeit, Ihrem Hundekind alles zu zeigen, was es für sein späteres Leben als „normal“ abspeichern soll. Hierzu sollten auf jeden Fall die Klassiker Radfahrer, Jogger und Autos gehören!
Ihre Kinder sind gerade vorbeigerannt und Ihr kleiner Welpe hat nicht reagiert? Prima, dann hat er sich sofort eine Belohnung verdient!

Nehmen Sie sich in den ersten Wochen viel Zeit, Ihrem Hund die große weite Welt zu zeigen. Alles, was er jetzt kennenlernt, wird er im zukünftigen Leben als normal betrachten.

INFO

Auch bei den Hütehundrassen tritt häufig ein Jagd- bzw. Hüteverhalten an sich bewegenden Objekten auf. Diese wirklichen Workaholics neigen dazu, sich unerwünschte Hobbys zu suchen, wenn sie durch ihre Besitzer nicht ordentlich ausgelastet werden.

Auch Hütehunde wie diese Tervueren-Hündin neigen dazu, bewegende Objekte zu jagen.

Der 5. Lebensmonat

Wie bereits zuvor erwähnt, entwickelt sich das Jagdverhalten erst mit dem vierten bis fünften Lebensmonat. Sie werden in dieser Zeit die ersten Veränderungen an Ihrem vierbeinigen Familienzuwachs feststellen: Der Zahnwechsel beginnt, langsam wird der Kleine flügge und dreht auf dem Spaziergang größere Kreise. Und er interessiert sich eben auch allmählich für das Jagen.
Sobald Ihnen auffällt, dass Ihr Hund beginnt, unerwünschte Objekte zu jagen, sollten Sie gegensteuern. Hat sich das Problem aber erst einmal festgesetzt, wird das Training immer schwieriger.

INFO

Bitte vergessen Sie nicht: Ihr Hund ist trotzdem ein Jagdhund und muss jagen dürfen. Wie Sie ihn durch einfache Suchspiele auslasten können, erfahren Sie ab Seite 60 und in den Buchtipps.

Soforthilfemaßnahmen

Das Jagen unerwünschter Objekte muss in Zukunft zuverlässig verhindert werden. Jagt Ihr Hund beispielsweise Autos, vermeiden Sie Spaziergänge an der Straße. Möglicherweise ist es sogar angebracht, Ihren Hund ins Auto zu packen und mit ihm in eine Gegend zu fahren, in der keine Autos fahren. Dies ist besonders wichtig, wenn Sie an einer stark befahrenen Straße wohnen und Straßenverkehr nicht vermeiden können.
Reagiert Ihr Hund auf Radfahrer oder Jogger, lassen Sie ihn bitte nicht ohne Schleppleine laufen. Wählen Sie möglichst Wege, auf denen Ihnen keine oder nur vereinzelt Jogger entgegenkommen. Auch wenn Ihre Spaziergänge erst einmal einsam werden – Ihr Hund darf keine Gelegenheit mehr haben, unerwünschte Objekte zu jagen.

Nun haben wir eine gute Voraussetzung dafür, dass unser Training Erfolg hat. Na dann kann es jetzt losgehen.

Nicht jeder Hund ist so gemütlich und geduldig wie der kleine Clooney.

... Lösung in Sicht: Alternativverhalten

Nehmen wir einmal an, Ihr Hund jagt Radfahrer. Dann ist Ihr Ziel: Der Radfahrer soll das Signal dafür werden, Sie anzuschauen. Um das zu erreichen, müssen wir aber erst das Anschauen unabhängig von der Situation trainieren.

1 Sie benötigen einige Leckerchen, Ihren hungrigen Hund und eine ablenkungsarme Umgebung. Zeigen Sie Ihrem Hund ein Leckerchen und führen Sie es Richtung Brust. Sobald Ihr Hund Sie anschaut, sagen Sie sein Lobwort. Geben Sie Ihrem Hund anschließend das Häppchen. Wiederholen Sie dieses Spiel etwa zehn Mal. Nun tun Sie so, als hätten Sie ein Bröckchen in der Hand und führen die leere Hand Richtung Brust. Schaut Ihr Hund, folgen wieder Lobwort und Häppchen. Auch dies wiederholen Sie etwa zehn Mal. Verbinden Sie nun das Anschauen mit einem Wortsignal, beispielsweise „Schau". Sagen Sie „Schau" und machen im Anschluss die bekannte Handbewegung Richtung Brust. Schaut Ihr Hund, folgen wieder Lobwort und Häppchen.
Auch hier benötigen Sie ungefähr 20 Wiederholungen.

2 Im nächsten Schritt kommen sich bewegende Objekte hinzu. Wählen Sie aber bitte die Reize so schwach, dass Ihr Hund noch denken kann. Sie können beispielsweise einen Ball vorbeikullern lassen. Sobald Ihr Hund den Ball erblickt, kommt Ihr „Schau". Reagiert Ihr Hund, folgen Lobwort und Leckerchen.

1 Das Anschauen des Hundebesitzers in reizarmer Umgebung ist der erste Trainingsschritt.

2 Bauen Sie ins Training sich bewegende Objekte ein.

3 Hat dieses Spiel an mindestens fünf verschiedenen Orten geklappt, beginnen wir unser Training mit Fahrrädern. Zu Beginn schiebt der Radfahrer sein Fahrrad erst einmal langsam mit genügend Abstand vorbei. Auch hier gilt wieder: Ihr Hund nimmt das Fahrrad wahr, Sie sagen „Schau". Folgt er, gibt es Lobwort und Häppchen.
Als nächstes kann der Fahrradfahrer langsam vorbeifahren. Auch hier ist der richtige Abstand wichtig. Sagen Sie „Schau" und lassen sich von Ihrem Hund anschauen.
Nach vielen Wiederholungen sollte Ihr Hund Sie bereits anschauen, bevor Sie „Schau" gesagt haben. Sie sind auf dem richtigen Weg. Nun beginnt Ihr Hund zu verknüpfen, dass ein Fahrrad das Signal für Anschauen ist.

4 Steigern Sie nach und nach die Anforderungen. Achten Sie aber darauf, dass Sie möglichst keine Fehler im Training machen. Schaut Ihr Hund nicht sofort, helfen Sie ihm mit dem Wortsignal. Nach und nach können Sie das Training in den Alltag verlagern und den Abstand zu den vorbeifahrenden Fahrrädern verkleinern.

TIPP

Seien Sie schnell genug mit Ihrem Lobwort. Möglicherweise schaut Ihr Hund bei steigender Ablenkung nur ganz kurz zu Ihnen.

3 *Training bei langsam fahrendem Fahrrad.*

4 *Umgebungswechsel: Training an der Straße.*

... Impulskontrolle

Impulskontrollübungen sollen dem Hund beibringen, sein Erregungslevel unter Kontrolle zu halten, sich zu beherrschen. Diese Übungen sind eher als Ergänzung zum oben beschriebenen Aufbau zu sehen. Sie allein werden nicht ausreichen, den Hund vom Jagen abzuhalten!

Impulskontrollübung mit Spielzeug

1 Beginnen Sie ein Zerrspiel mit Ihrem Hund. Lassen Sie ihn dabei ruhig in eine hohe Erregungslage gelangen.
Nehmen Sie Ihrem Hund das Spielzeug weg, wenn nötig über ein Tauschgeschäft mit einem Futterbröckchen. Blockieren Sie dann das ergatterte Spielzeug. Fixieren Sie das Spielzeug gut, Ihr Hund wird möglicherweise alles geben, um es wieder zu erlangen. Bewährt hat sich hier das Blockieren direkt am Körper, an der Brust oder unter der Achsel. Sie können aber auch den Arm mit dem Spielzeug nach oben strecken.

2 Das Spiel geht erst wieder weiter, wenn Ihr Hund mindestens für drei Sekunden alle vier Füße auf dem Boden hat. Dann sagen Sie Ihr Lobwort und führen das Spielzeug schnell nach unten oder lassen es fallen. So verhindern Sie, dass Ihr Hund im letzten Moment einen Fehler macht und doch wieder hochspringt.

1 *Zerrspiele sind gut geeignet, um die Impulskontrolle zu üben.*

2 *Unterbrechen Sie Ihr Spiel und blockieren Sie das Spielzeug.*

Impulskontrollübung mit Futter

1 Bringen Sie Ihren Hund ins Sitz. Stellen Sie sich am besten auf die Leine. Auf alle Fälle muss die Leine kurz gehalten werden. Dann lassen Sie ein Leckerchen außerhalb der Reichweite Ihres Hundes kullern. Seien Sie darauf gefasst, dass Ihr Hund sich erst einmal mächtig in die Leine stemmt, um zum Leckerli zu gelangen. Er sollte natürlich keinen Erfolg haben!

2 Sollte Ihr Hund aufgestanden sein, warten Sie erst einmal ab. Vielleicht schafft er es, sich selbst zu korrigieren. Ist ihm das auch nach einigen Sekunden nicht möglich, korrigieren Sie ihn mit seinem Sitzsignal. Sobald er für mindestens drei Sekunden gesessen hat, geben Sie ihm das Leckerchen frei.

Variieren Sie die Leckerchengabe: Mal heben Sie selbst das Bröckchen auf, mal darf er es vom Boden aufnehmen, mal gibt es ein ganz anderes aus der Tasche. Das hält die Übung weiterhin spannend und macht sie für den Hund noch schwieriger.

1 *Ein besonderes Leckerchen wird vom sitzenden Hund weg geworfen.*

2 *Nach einigen Sekunden können Sie die Belohnung freigeben.*

FEHLER ...

... und wie man sie vermeidet

1 Machen Sie im Training zu große Schritte, wird Ihr Hund doch wieder ins Jagdverhalten fallen. Das müssen Sie unbedingt verhindern. Jagen ist selbstbelohnend. Bereits ein einziges Mal reicht aus, damit Ihr Hund wieder auf dem Jagdtrip ist.

2 Passen Sie auf, dass Ihr Hund sich nicht das Spielzeug klaut. Ist er bei dieser Übung sehr ungehalten, probieren Sie erst die Übung mit dem Futter. Klappt das, wagen Sie sich wieder an das Spielzeug. Lassen Sie Ihren Hund erst einmal in keine so hohe Erregungslage kommen, damit er leichter zum Erfolg kommt.

1 *Ob in diesem Fall die Ablenkung nicht zu groß ist?*

2 *Moni wurde ausgetrickst: Balou klaut sich sein Spielzeug.*

Was tun, wenn nichts hilft?

- ***Zur Übung „Anschauen“: Auch bei der größtmöglichen Entfernung des sich bewegenden Objektes schafft es Ihr Hund nicht, Sie anzuschauen.***
  Suchen Sie sich dringend Rat bei einem Fachmann. Bei manchen Hunden reicht schon das Geräusch eines Autos aus, um loszujagen. Hier geht es nicht mehr ohne professionelle Hilfe. Sie können allerdings versuchen, statt Futter Spielzeug als Belohnung einzusetzen, vielleicht haben Sie dann mehr Erfolg.

- ***Ihr Hund kann kein Futter mehr nehmen, sobald er sein Objekt der Begierde wahrnimmt.***
  Versuchen Sie es statt mit Futter mit einem gemeinsamen Spiel als Belohnung. Für manche jagdbegeisterten Hunde ist in diesem Moment eine Ersatzbeute (nämlich Spielzeug) höher besetzt als Futter. Eine genaue Anleitung finden Sie in dem Band „Jeder Hund kann an lockerer Leine gehen“ im Kapitel Jagdverhalten an der Leine.

Zu den Übungen zur Impulskontrolle:

- ***Ihr Hund gibt beim Zerrspiel sein Spielzeug nicht her.***
  Bringen Sie Ihrem Hund ein sicheres Ausgeben bei. Hierzu tauschen Sie das Spielzeug gegen ein anderes identisches Spielzeug. Sobald Ihr Hund seinen Kiefer löst, sagen Sie „Aus.“

- ***Ihr Hund schafft es nicht, sich zu beruhigen, sobald das Spielzeug blockiert ist, obwohl Sie versucht haben, die Situation so einfach wie möglich zu gestalten.***
  Ihr Hund hat wahrscheinlich ein Problem mit der Erregungskontrolle. Das sollten Sie von einem Fachmann begutachten lassen. Wenden Sie sich an eine Hundeschule oder einen Tierarzt für Verhaltenstherapie.

Ursache 5:

STARKE ABLENKUNG

Gibt es etwas Schöneres, als unseren Vierbeinern beim Toben und Herumtollen zuzuschauen? Gerade für viele junge Hunde gibt es nichts Großartigeres, als mit Kumpels zu spielen. Oder vielleicht haben Sie ja auch einen pubertierenden Jungspund, der gerne mit jedem Krawall anfängt und nicht zu stoppen ist?

Eine Sache der Erziehung

Warum lassen sich unsere Hunde nicht mehr abrufen, sobald sie einen anderen Hund am Horizont sehen? Meist liegen die Ursachen in der Erziehung während des Welpen- und Junghundealters. Gerade junge Hunde wollen gerne und viel spielen. Häufig können Sie in Welpenstunden beobachten, dass die Vierbeiner losgelassen werden, sobald sie auf den Platz kommen. Dann gibt es die sogenannten Spielgruppen, in denen die Hund eine Stunde lang spielen dürfen, ohne dass irgendeine Interaktion mit den Besitzern erfolgt. Sie mögen sagen, dass der Kontakt mit Gleichaltrigen gerade in der Welpenzeit doch so wichtig ist. Das stimmt ja auch, solange Sie einige Spielregeln beachten.

Ein Kennzeichen für eine gute Welpenschule ist es, dass die Hunde sich noch mal kurz auf ihre Besitzer konzentrieren oder eine erste Übung absolvieren, bevor sie in das Spiel entlassen werden. Auf jeden Fall müssen die Kleinen aber zur Ruhe kommen und sich gedulden. Dann steht einem Spiel nichts im Wege.

Mehrere kleine Spielphasen sind für die Zwerge günstiger als ein langes Spiel. Zwischendurch werden dann die ersten Erziehungsübungen gemacht. Auch in den ersten Wochen können Sie schon sehr schön den Rückruf aus dem freien Spiel mit den Kumpels trainieren. Hierfür braucht es allerdings von Ihrer Seite ein gutes Timing und einen kompetenten Trainer, der entscheiden kann, wann der Rückruf Aussicht auf Erfolg hat. Solange die Welpen ein Knäuel sind, haben Sie keine Chance. Sind sie aber nicht mitten im Spiel oder tappsen womöglich sowieso gerade an Ihnen vorbei, dann stehen die Chancen gut, dass die Kleinen kommen, wenn Sie rufen! Bei Ihnen gibt es dann eine kleine Belohnung; danach darf der Welpe sofort wieder ins Spiel. Bei fünf Rückrufen würde ich den Welpen höchstens einmal anleinen, ansonsten darf er sofort wieder spielen.

Was gibt es Schöneres: Zwei Hundekumpels, die sich verstehen!

So geht es vielen Hundebesitzern: Sobald ihr Hund einen Artgenossen am Horizont erblickt, ist er weg.

Unüberlegtes Handeln im Alltag

Natürlich ist es sehr bequem, sich für den Spaziergang mit dem Lieblingskumpel Ihres Hundes zu verabreden. Die beiden toben, Sie können mit dem anderen Hundebesitzer schwatzen – alle sind ausgelastet und glücklich. Am Ende des Spaziergangs werden die müden Vierbeiner wieder angeleint. Was nun auch kein Problem ist, denn sie sind ja jetzt müde. Aber wehe, die beiden begegnen unterwegs dem gemeinsamen Erzfeind oder dem kleinen Schoßhund des Nachbarn. Lassen sich Ihre Hunde dann anleinen? Wohl eher nicht, denn dann wäre ja das tolle Spiel vorbei. Außerdem kann man zu zweit ja durchaus auch mal das Gegenüber etwas ärgern. Und im Grunde war es einfach nur Ihre Bequemlichkeit, diese Situation nicht zu üben.

Wer kennt nicht den berühmten Satz jedes Hundehalters: „Der will nur spielen!" Mag sein, aber das Gegenüber vielleicht nicht. Besonders unangenehm wird die Situation, wenn der andere Hund angeleint ist, von Ihrem Vierbeiner bedrängt wird und Sie keine Chance haben, ihn aus dieser Situation herauszuholen. Unfälle sind hier vorprogrammiert! Um den Schaden im Rahmen zu halten, hier ein Tipp für den Halter des angeleinten Vierbeiners: Lassen Sie die Leine am besten fallen. So kann Ihr Hund ausweichen, wenn er das möchte. Auf jeden Fall ist er nicht mehr durch die Leine eingeschränkt.

Überlegen Sie mal, wann Sie Ihren Hund auf dem Spaziergang rufen. Hand aufs Herz – in der Regel dann, wenn Sie ihn anleinen müssen. Glauben Sie, Ihr Hund hätte das nicht durchschaut? Er wäre ja schön dumm, wenn er jetzt kommen würde, dann wäre ja der schöne Freilauf vorbei.

Ein paar Tipps vorab

Rufen Sie Ihren Hund auf dem Spaziergang häufiger zu sich, auch wenn Sie hierzu keinen Anlass haben. Machen Sie ein kurzes Spiel mit ihm oder geben Sie ihm eine Belohnung und lassen ihn dann sofort wieder laufen.

TIPP

Bringen Sie Ihrem Hund bei, dass er nach dem Rückruf einige Sekunden bei Ihnen verweilen soll, bevor er wieder laufen darf.

... Lösung in Sicht

Für das folgende Training trägt Ihr Hund Geschirr und Schleppleine. Natürlich darf auch eine leckere Belohnung nicht fehlen.
Wie immer fangen wir so einfach an, dass Ihr Hund auf alle Fälle Erfolg hat. Am einfachsten ist es, wenn Sie die ersten Situationen mit einem Trainingshund stellen. Haben Sie gerade keinen Trainingskumpel, dann können Sie für die erste Trainingssituation auch ruhig mit einem großen Stoffhund arbeiten. Der Vorteil ist, dass Sie stressfrei erst einmal Ihr Timing üben können.

1 Platzieren Sie den Stoffhund gut sichtbar in einiger Entfernung. Das können zu Beginn des Trainings ruhig zwanzig Meter oder mehr sein. Nähern Sie sich dem vierbeinigen Dummy, bis Ihr Hund ihn wahrgenommen hat und zu ihm schaut. In diesem Moment bleiben Sie stehen und beobachten Ihren Hund. Sobald er seinen Blick vom Gegenüber abwendet – egal ob er nun zu Ihnen schaut, am Boden schnüffelt oder einfach nur in eine andere Richtung sieht – sagen Sie Ihr Lobwort und geben Sie ihm eine Belohnung. Wiederholen Sie das Spiel einige Male, bis der Stoffhund nicht mehr interessant ist.
Dann folgt das gleiche Spiel mit einem lebenden Hund, der sich aber erst einmal nicht bewegen sollte, sondern sich einfach stehend in einiger Entfernung befindet. Klappt auch das, darf der Trainingshund sich an einer kurzen Leine etwas bewegen.

2 Nun wird es spannend. Sobald sich Ihr Hund von dem anderen Hund abwendet, sagen Sie statt des Lobwortes Ihr Rückrufsignal. Ich bin mir ziemlich sicher, dass er es nun schafft, zu Ihnen zu kommen! Herzlichen Glückwunsch! Wir sind ein ganzes Stück weiter gekommen. Machen Sie diese Übung mit mindestens fünf verschiedenen Trainingshunden.

1 Belohnen Sie Ihren Hund, sobald er sich vom Trainingshund abwendet.

2 Im zweiten Schritt rufen Sie Ihren Hund, sobald er sich vom Gegenüber abwendet.

TIPP

Achten Sie darauf, dass Sie über die Leine sicherstellen, dass Ihr Hund keinen direkten Kontakt mit dem anderen Hund aufnehmen kann. Genügend Abstand ist gerade zu Beginn des Trainings wichtig.

3 Nun wird es noch etwas schwieriger: Der „Dummyhund" darf mit seinem Besitzer spielen. Beginnen Sie hier erst einmal wieder das Abwenden des Blickes zu belohnen. Sie werden merken, dass Ihr Hund nicht so häufig Erfolg hat wie in den Situationen zuvor. Vergrößern Sie den Abstand ruhig wieder. Klappt das gut, rufen Sie Ihren Hund, sobald er sich von dem anderen Hund abgewendet hat. Auch diese Situation üben Sie mit verschiedenen „Ablenkungshunden".

Falls sich die Gelegenheit bietet, könnten Sie auch zwei Hunde miteinander spielen lassen, die aber von Ihnen und Ihrem Hund räumlich getrennt sind, am besten durch einen Zaun. So können Sie wieder eine neue Trainingssituation üben. Ist Ihr Hund zu aufgeregt? Dann vergrößern Sie den Abstand wieder.

4 Ist die größte Belohnung für Ihren Hund, mit seinen Kumpels zu spielen? Gut, dann gehen Sie kreativ mit Ihrer Belohnung um. Hat er die Situation besonders gut gemacht, dann können Sie ihn als Belohnung ruhig hin und wieder ins Spiel entlassen. Sprechen Sie sich dann aber gut mit dem anderen Hundebesitzer ab, sodass beide Hunde gleichzeitig durchstarten können.

3 *Belohnen Sie Ihren Hund, sobald er sich von seinem spielenden Artgenossen abwendet.*

4 *Dieser Hund wird nach erfolgreich absolvierter Übung ins Spiel entlassen.*

5 So, nun haben wir alle Voraussetzungen erreicht, um den Ernstfall zu üben. Jetzt ist von Ihnen eine gute Beobachtungsgabe und gutes Timing gefragt. Vielleicht nehmen Sie als Trainingspartner erst einmal einen etwas ruhigeren Hund, der nicht mehr so viel spielen möchte. Beide Hunde dürfen natürlich frei laufen.

Sobald die Hunde direkten Kontakt haben, ist aufgrund der erhöhten Verletzungsgefahr ein Training mit Schleppleine nicht mehr möglich. Es sei denn, Sie nehmen eine kurze Variante, die höchstens zwei Meter lang ist und keine Handschlaufe besitzt.

6 Warten Sie den Moment ab, in der keine direkte Interaktion zwischen den beiden Hunden erfolgt und sich Ihr Hund von dem anderen abwendet. Rufen Sie ihn. Hilfreich ist, wenn auch der andere Hund zu seinem Besitzer gerufen wird. Hier bietet sich ein gut trainierter Hund als erster Trainingspartner im Ernstfall an. Er sollte sich leicht und ohne viel Wirbel zurückrufen lassen. Sie dagegen brechen in Freude aus, sobald Ihr Hund auf Sie zukommt! Gehen Sie zusätzlich ein paar Schritte rückwärts und locken Sie Ihren Hund zu sich. Das Ganze ist natürlich eine Superbelohnung wert.

5 *Für die erste Begegnung wählen Sie einen ruhigen Vierbeiner.*

6 *Kurze Pause im Spiel. Ein Heranrufen ist jetzt leicht möglich.*

7 Entlassen Sie Ihren Hund sofort wieder in den Freilauf, sobald er gekommen ist. Wiederholen Sie diese Übung mindestens fünf Mal, bevor Sie sie mit einem anderen Hund als Ablenkung üben.
Und nun beginnen wir das gleiche Spiel mit mehreren Hunden. Auch hier ist es wieder wichtig, dass Sie Ihren Hund erst rufen, wenn er sich nicht mehr mit den anderen Hunden beschäftigt.

8 Ich kann es gar nicht oft genug sagen: Nicht jedes Rufen hat für den Hund ein Anleinen zur Folge! Wenn Sie ihn anleinen, dann spielen Sie an der Leine mit Ihrem Hund und entlassen ihn wieder ins Spiel mit Artgenossen. Das Kommen, gerade in solch schwierigen Situationen, muss sich für den Hund immer lohnen.

7 *Nicht jeder Rückruf sollte ein Anleinen zur Folge haben.*

8 *Auch beim Hundehalter ist es spannend: Ein kurzes Spiel mit ihm sorgt für Abwechslung und Spaß.*

FEHLER ...

... und wie man sie vermeidet

1 Denken Sie an ausreichend Abstand. Befindet sich Ihr Vierbeiner zu nah an dem anderen, wird er es nicht schaffen, sich von diesem abzuwenden. Also: Gehen Sie ein paar Schritte zurück. Wie immer gibt der Hund das Trainingstempo vor.

2 Warten Sie den richtigen Moment ab, bis Sie Ihren Hund rufen. Das ist besonders wichtig, wenn Ihr Hund nicht mehr durch eine Schleppleine abgesichert ist. Ist er noch in einer direkten Interaktion, haben Sie keine Chance.

1 Zu wenig Abstand: Dieser Hund reagiert nicht auf das Rückrufsignal.

2 Schlechtes Timing: Der Hund wendet sich kurz ab und spielt dann weiter.

Was tun, wenn nichts hilft?

- ***Trotz eines wirklich großen Abstands schafft es Ihr Hund nicht, sich von dem anderen Hund abzuwenden.***
  Bevor Sie die Situation mit Hunden üben, gestalten Sie erst einmal Trainingssituationen, in denen Ihr Hund es schafft, sich abzuwenden. Das können Spielzeug, Futter oder auch Kauknochen sein. Ihr Hund soll erst einmal das Prinzip verstehen und begreifen, was er denn tun soll.

- **Solange der Trainingshund sich nicht bewegt, ist alles in Ordnung. Aber sobald die anderen Hunde spielen dürfen, regt sich Ihr Hund auf, bellt und kann sich nicht beruhigen.**
  Suchen Sie einen Fachmann auf. Eventuell müssen Sie zusätzlich begleitende Übungen machen, damit Ihr Hund lernt, sich zu gedulden und seine Erregung unter Kontrolle zu halten.

- ***Ihr Hund schaut zwar kurz von dem anderen Hund weg, ist aber dann zu aufgeregt, um sein Leckerchen zu nehmen.***
  Hier haben Sie zwei Möglichkeiten: Variante 1: Sie probieren die gleiche Situation noch mal mit mehr Abstand.
  Variante 2: Denkbar ist, dass Ihr Hund in dieser Situation besser mit einem Spiel mit Ihnen klarkommen würde.

- **Sobald Ihr Hund direkt mit einem anderen Hund spielt, ergibt sich keine Gelegenheit, in der Sie Ihren Hund rufen können. Selbst nach einigen Minuten ist er immer noch nicht ansprechbar.**
  Auch hier ist der Weg zu einem Fachmann angesagt. Diese Situation hat man häufig bei unkastrierten Jungrüden. Sie schaffen es einfach nicht, sich unter Kontrolle zu halten und sich auch mal von den anderen abzuwenden.

Spezial:

Suchspiele als Alternative zum Jagen

Sie werden sich vielleicht fragen: Fördere ich mit Suchspielen nicht das Jagdverhalten meines Hundes? Nein, denn: Ein Hund ist ein Jagdtier. Es wäre nicht fair und sogar tierschutzrelevant, ihm das Jagen komplett zu verbieten. Wahrscheinlich würde das sowieso nicht klappen.

Auf den nächsten Seiten habe ich für Sie ein paar Ideen zusammengetragen, was Sie während des Spaziergangs alles mit Ihrem Hund üben können. Zwar kann ich hier keine ausführlichen Anleitungen liefern, aber wenn Sie Spaß an dieser Arbeit bekommen, finden Sie im Service einige Buchtipps zum Weiterlesen.

INFO

Suchspiele haben einige Vorteile:

- *Sie lasten Ihren Hund aus.*
- *Sie trainieren den Grundgehorsam in der hohen Erregungslage des Jagens.*
- *Jagen passiert in Zukunft immer mit Ihnen zusammen. Das fördert die Bindung.*

Die Hundenase – ein hoch entwickeltes Organ.

Leckerchen- oder Spielzeugsuche

Das klingt zunächst einmal ganz einfach. Trotzdem muss Ihr Hund erst einmal lernen, was er tun soll. Nehmen Sie sein Lieblingsfutter oder ein besonders tolles Spielzeug. Spielen Sie ruhig kurz mit Ihrem Hund, damit er richtig Spaß hat und die Wahrscheinlichkeit sehr hoch ist, dass er das Spielzeug auch suchen wird. Im ersten Schritt darf Ihr Hund noch zuschauen: Werfen Sie Spielzeug oder Futter (ruhig etwas größeres wie ein Stück Pansen oder Trockenfisch) vor sich in eine Wiese und schicken Sie Ihren Hund dann mit dem Befehl „Such“ los. Sie werden sehen, wie er sofort seine Nase einsetzen wird. Sobald er das Objekt gefunden hat, loben Sie Ihren Hund, als wäre es die größte Leistung überhaupt.

Nach und nach können Sie die Anforderungen steigern, zum Beispiel fällt Ihnen das Spielzeug “ganz zufällig” aus der Tasche, wenn Ihr Hund es gerade nicht mitbekommt. Dann schicken Sie ihn mit „Such“ los und schauen mal, was passiert. Sollte er sofort durchstarten und suchen – prima, Ihr Hund hat das Spiel verstanden. Findet Ihr Hund es nicht oder beginnt erst gar nicht zu suchen, dann brechen Sie ab und lassen Sie ihn lieber noch ein paar Mal beim Verstecken zuschauen.

Wichtig für alle Suchspiele: Helfen Sie Ihrem Hund nicht. Sollte er den Gegenstand nicht finden, brechen Sie das Spiel ab. Machen Sie die Aufgabe wieder einfacher. Ihr Hund hat die bessere Nase. Im Ernstfall können Sie ihm sowieso nicht helfen.

Auf das Signal hin startet Balou und sucht den Schlüssel seiner Besitzerin.

Künstliche Geruchsspur

Auch so kann Jagen Spaß machen: beim Apportieren eines Dummys.

Auch bei diesem Spiel darf Ihr Vierbeiner erst einmal zuschauen. Binden Sie beispielsweise um ein Stück Trockenpansen eine Schnur und ziehen Sie den Pansen etwa zehn Meter hinter sich her. Am Ende Ihrer so entstandenen Spur entschnüren Sie den Pansen und lassen ihn für Ihren Hund als Belohnung liegen.

Nun ist Ihr Hund an der Reihe, schnallen Sie ihn an ein Geschirr und an eine kleine Schleppleine. Setzen Sie ihn am Beginn der Spur an. Jetzt halten Sie sich im Hintergrund. Ausnahmsweise darf Ihr Hund in dieser Situation ziehen. Lassen Sie ihn vorweg laufen. Helfen Sie nicht. Die Leine bleibt immer leicht gespannt, sodass Sie ihn nicht durch kurze Leinenrucke aus dem Konzept bringen können. Sobald Ihr Hund das ausgelegte Objekt gefunden hat, freuen Sie sich über die gemeinsame Beute.

Achten Sie bei der Spurensuche darauf, dass Sie Ihren Hund nicht am Halsband suchen lassen, sondern schnallen Sie ihn immer ins Geschirr.

SERVICE

Wenn Sie Ihr Wissen durch die Lektüre weiter vertiefen wollen oder eine gute Hundeschule oder einen Tierarzt für Verhaltenstherapie suchen, helfen Ihnen diese Tipps sicherlich weiter.

Zum Weiterlesen

- del Amo, Celina: *Hundeschule. Step by Step zum folgsamen Familienhund.* Verlag Eugen Ulmer, Stuttgart 2007
- Gröning, Pia/Ulrich, Ariane: *Antijagdtraining. Wie man Hunde vom Jagen abhält.* Mensch-Hund! Verlag, Zossen 2009
- Hares, Michaela/Theby, Viviane: *Das große Schnüffelbuch. Nasenspiele für Hunde.* Kynos Verlag, Nerdlen/Daun 2010
- Mahnke, Karina: *Grundschule für Hunde.* Verlag Eugen Ulmer, Stuttgart 2008
- Pryor, Karen: *Positiv bestärken, sanft erziehen. Die verblüffende Methode, nicht nur für Hunde.* Kosmos Verlag, Stuttgart 2006
- Sondermann, Christina: *Einfach Schnüffeln! Nasenspiele für den Hundealltag.* Verlag Eugen Ulmer, Stuttgart 2011
- Theby, Viviane: *Hundeschule*, Kosmos Verlag, Stuttgart 2002

Bildnachweis

Alle Fotos bis auf das folgende stammen von Yvonne Schwed, *www.french-bulldogs.de.*
Seite 14, links: Heike Schmidt-Röger, *www.schmidt-roeger.de*
Titelbild: Juniors Bildarchiv.

Zum Weiterlernen

- ***www.hundeschulen.de***
  Berufsverband der Hundeerzieher und Verhaltensberater (BHV)
  Suchen Sie eine gute Hundeschule, sind Sie hier an der richtigen Stelle. Der BHV hat in Kooperation mit der IHK Potsdam den Zertifikatslehrgang Hundeerzieher und Verhaltensberater IHK / BHV ins Leben gerufen. Mitglieder des BHV, die dieses Zertifikat besitzen, arbeiten nach dem neuesten Stand der Forschung und bilden sich regelmäßig fort.
- ***www.gtvmt.de***
  Gesellschaft für Tierverhaltenstherapie
  Auf der Überweisungsliste der Homepage finden Sie Tierärzte, die sich auf Verhaltenstherapie spezialisiert haben und die sich auf diesem Gebiet regelmäßig weiterbilden.
- ***www.hundezentrum-rhein-main.com***
  Homepage der Autorin
  Im Hundezentrum Rhein-Main finden Sie neben der Tierarztpraxis für Verhaltenstherapie auch eine Hundeschule und -pension.

Dank der Fotografin

Ein herzliches Dankeschön von der Fotografin Yvonne Schwed an die vierbeinigen Models und ihre Besitzer für die Zeit und Geduld, ohne die die vielen Fotos in diesem Buch nicht zustande gekommen wären.

Dank der Autorin

An erster Stelle möchte ich mich bei meiner Familie und meinem Partner Rainer Schröder bedanken, die mich bei all meinen Projekten unermüdlich unterstützen. Ein großer Dank an meine Kunden und die zahlreichen Hunde, die mir im Laufe meines Hundetrainerdaseins über den Weg gelaufen sind. Ohne sie hätte ich bestimmt die ein oder andere Übung nicht ausprobiert. Es gibt immer viele Möglichkeiten, die einen zum Ziel bringen. Mit jedem Hund lernt man immer mindestens eine neue Möglichkeit dazu! Als letztes danke ich ganz herzlich den Hundemodels mit ihren Besitzern, die da wären: Jasna mit Kimo und Leela, Katha und Joschi, Nandita und Carlotta, Denise mit Finja und Eragon, Moni und Balou, Gisela und Hugo sowie Shiva, Mette, Balou, Lucky, Othello und Yvonne mit ihrer Bullybande. Vielen Dank an Yvonne Schwed, die viel Zeit und Mühe investiert hat, um meine Regieanweisungen bildlich umzusetzen!

Über die Autorin

Dr. Katrin Voigt ist Tierärztin mit der Zusatzbezeichnung Verhaltenstherapie. Sie leitet das Hundezentrum Rhein-Main mit der dort eingerichteten Hundeschule, einer Hundepension und der hauseigenen Tierarztpraxis für Verhaltenstherapie (ww.hundezentrum-rhein-main.com).

Impressum

Bibliografische Information der Deutschen Nationalbibliothek
Die Deutsche Nationalbibliothek verzeichnet diese Publikation in der Deutschen Nationalbibliografie; detaillierte bibliografische Daten sind im Internet über *http://dnb.d-nb.de* abrufbar.

Wollgrasweg 41, 70599 Stuttgart (Hohenheim)
E-Mail: info@ulmer.de
Internet: www.ulmer.de

Lektorat: Dr. Marion Steinbach, Kathrin Gutmann
Herstellung: Ulla Stammel
Umschlagentwurf und Layout: Sojus Design / Kai Twelbeck, Stuttgart
Druck und Bindung: DZA Druckerei zu Altenburg GmbH
Printed in Germany

ISBN 978-3-8001-7854-4